餅乾教室
圖解教程
2

★ Biscuit classroom graphic tutorials ★

冷凍、組合、薄脆、鹹味

張德芳

著

目 錄 ▸ CONTENTS

Chpater 1 / 冷凍餅乾

Chpater 2 / 造型組合餅乾

作者序 *Preface*

　　多年前，一位教會的朋友送了我一本「餅乾」烘焙書，從此便一頭栽進了奶油麵粉的世界裡！從事烘焙教學的工作至今即將邁入第18個年頭了，比別人幸運的是，烘焙是我的興趣，而興趣就是我的工作，我樂於悠遊在烘培的天地裏和學生們互動，可以在每次的操作中再次學習，而他們對烘培的熱情也成為我不斷向前的動力。

　　本書彙總了時下人氣最旺的數十道餅乾，結合了過去教學內容再整理，在預備內容時，加入更多造型，材料上的變化，更豐富了這本書。書中也針對一些在教學上，學生比較常碰到的問題做說明！寫這本書就像是在給學生們上課的心情一樣，除了把好吃的餅乾介紹給大家，也讓大家可以按照步驟做，「簡單學，輕鬆做」。我常常建議想學烘焙的學生，在還沒有基礎的情況之下可以從餅乾入門，簡單易學，失敗率低又可以增加在烘焙這條路上的信心！這本書將餅乾做了基本的分類，並且加上照片圖解，只要按部就班照著操作，相信你也會是下一個餅乾達人喔！

　　「烘焙」這個興趣我將堅持下去，可以把對烘焙的熱情傳遞出去，讓吃到甜點的人感到無比的滿足和幸福，不也應證了一句話，「施比受更有福」嗎！

　　烘焙的世界包羅萬象，在其中學習到的美味糕點讓人滿足、分享給家人朋友更是另一種幸福！這本書希望帶給您的感受是我對烘焙的信念和堅持、並且能夠將這份熱情傳遞出去，讓更多的人對烘焙產生興趣。

張德芳

張德芳

◎ **現任**

　　義興原料教室　烘焙指導老師
　　夢想法國號廚藝教室　指導老師
　　新北市糕餅工會　特聘講師

◎ **證照**

　　國家烘焙乙級證照

◎ **經歷**

　　「基隆啟智協會」　烘焙指導老師
　　「致福益人學苑」　烘培班老師

餅乾教室

課前準備

上課前的小叮嚀

　　這裏綜合整理了教學時，學生常會問到的問題，在開始製作餅乾前，我們先來看看有哪些是值得注意的事，充分了解後，製作起來可以更得心應手！

1. 配方中有「全蛋」、「蛋黃」、「蛋白」，若單位是「公克」，請以去殼「淨重」來秤；總重約 50g，蛋白 30 ～ 35g，蛋黃 15 ～ 20g，通常是以一般「中型洗選蛋」為標準哦！

2. 配方中的固體油脂各有其特殊的風味和烤焙後不同的效果，也可以替換使用，創造出屬於自己喜愛的獨特口感。

3. 製作出的成品數量可以隨著需求調整，但要記得將所有材料等比例的增減才正確。如果想要讓餅乾看起來更小巧精緻，也可以依照配方上的指示，分割成小一點的重量，同樣的也可以放大來製作！

4. 配方中的烤焙溫度和時間是大原則，通常為了讓餅乾可以烤透且不焦黑，使用的烘烤溫度都不致於太高，建議您還是要先和家裏的烤箱做「好朋友」，摸熟了它的狀況，才能烤出各種美味的餅乾。很重要的一點，烤箱預熱動作是必須的，就照食譜上烤焙溫度來預熱即可，預熱的時間大約 15-20 分鐘！

5. 烤箱則須選用有溫度及時間二大基本功能的烤箱，家庭烤箱若沒有分上、下火溫，而上下烤溫差 2 ～ 30 度時，可以取其平均溫度來烤焙；若上下火溫差大，就必須移動餅乾放的層架位置，烤焙出來的顏色才會漂亮，烤焙中為了上色均勻，不要忘記將烤盤調頭哦！

6. 一般餅乾要烤到金黃酥脆，香味才會出來。學生常問到要如何判斷餅乾是否烤好了？一是看餅乾的著色程度，一般來說是呈現誘人的金黃色；二是可以摸摸看餅乾中央，若是硬的，表示已經烤透了，出爐冷卻後就會呈現酥脆的口感了。

7. 記得烤好的餅乾冷卻後，要用密封罐或密封袋妥善保存才能保持餅乾絕佳的品嚐風味。

8. 配方表中的材料以英文字母 A、B、C 來做歸類，通常都是屬於同質性或在同一步驟可以一起攪拌、一起過篩、一起加入的材料，秤料時可以放在一起，可以簡化前置準備動作哦！

各式材料簡介

粉類

◆ 麵粉

依蛋白質含量的比例分為高、中、低筋，其中以高筋麵粉的蛋白質含量為最高，由於筋性較強口感硬脆，適合用來製作麵包或當防沾手粉使用；中筋麵粉又稱「粉心麵粉」，適合用來製作包子等中式麵點。

◆ 麵點

低筋麵粉的筋性低口感較鬆，適合用來製作蛋糕及餅乾，但有時會依照不同口感來更換麵粉種類！

◆ 奶粉

即牛奶以噴霧乾燥處理後的粉末，也可以用奶粉：水 =1：9 的比例調製成牛奶。

◆ 可可粉

將巧克力中的可可脂壓出後所留下的固體物，再經研磨成粉。

◆ 玉米澱粉

俗稱「玉米粉」，加在餅乾中可使餅乾口感較酥鬆。

油脂類

◆ 奶油

由牛奶中提煉出來，分為有鹽和無鹽兩種；在製造過程中加入乳酸菌發酵而製成的奶油又稱為「發酵奶油」，奶油通常是做為蛋糕及西點的主要原料之一！奶油熔點低，須放置冷藏保存。

◆ 白油

是經氫化加工的植物性油脂，顏色白且呈固體狀，熔點較奶油高，在製作奶油蛋糕或餅乾時，可使其更鬆發，口感酥鬆，可置於常溫保存。

◆ 酥油

由奶油中去除水份，含水量在千分之三以下的天然油脂，又稱為「無水奶油」。另有一種為加工酥油，是利用白油氫化後添加黃色素及香料調製而成的，也屬於植物性油脂。

◆ 豬油

從豬的脂肪中提煉出來的，較常使用在中式點心裏。

◆ 瑪琪琳

含水量在 15 ～ 20％，鹽佔 3％，熔點也高，可取代奶油使用在蛋糕西點中。

糖類

◆ 白砂糖

有分為粗細顆粒，一般常將細砂糖加在西點中使用。

◆ 二砂糖

又稱為「黃砂糖」，顏色偏金黃色；含有焦糖成份及特殊風味。

◆ 糖粉

由細砂糖研磨而成細粉狀，但容易受潮結粒，故在糖粉中會加入少量的玉米澱粉，使用時則須經過過篩的程序。

◆ 紅糖

也稱為「黑糖」，含有濃郁的糖蜜及蜂蜜的香味，多用在顏色較深或香味濃郁的糕點中。

◆ 蜂蜜

蜜蜂採集的花蜜製成的，屬天然糖漿；使用在糕點中有增色及特殊風味的效果，含有轉化糖的成份。

◆ 轉化糖漿

砂糖加入酸煮至適當溫度，冷卻後加入鹼中和。加入糕點中有保濕作用。

添加劑

◆ 泡打粉（Baking Powder）

屬化學膨大劑，在烤焙中可以使產品有膨脹或膨鬆效果，通常與麵粉一起過篩混合。

◆ 小蘇打粉（Baking Soda）

屬鹼性，加入水中或遇熱會產生作用；可加入糕點裏中和酸性，一般巧克力類蛋糕常用到。

堅果及蜜餞果乾類

通常在製作餅乾時常會加入適量堅果及水果乾，豐富餅乾的口感及風味，以放在冰箱儲存為最佳的保存方式，也可以按個人喜好更換不同的食材來使用。

❶ 電子秤

選擇以「公克」為單位的電子秤並記得扣除容器本身的重量,正確的秤量材料重量是做出美味餅乾的第一步!

❷ 量匙

可用來量配方中份量小的粉類,量匙分別為1大匙、1小匙、½小匙、¼小匙。

❸ 鋼盆

材質較輕,耐磨損且方便加熱,用來攪拌及盛裝麵團用的容器。

❹ 篩網

粉類材料容易在保存過程中受潮,所以攪拌前都要先過篩防止結粒,以防材料拌不均勻。

❺ 直立型打蛋器

以手動的方式,將加入的油脂或濕性材料打散拌勻或打成膨鬆狀態。

❻ 電動打蛋器

可以取代直立型打蛋器的功用,特別是蛋白或油脂須要打發時,或是製作份量大時,就可以節省許多的力氣。

❼ 橡皮刮刀、刮板

可利用刮刀將粉類加入濕性的奶油糊或蛋白霜中拌勻,也可將容器中的生料集中刮淨,減少耗損及浪費。

❽ 麵棍

麵團在開壓延展時的必備工具,有木頭或塑膠材質。

❾ 餅乾壓花模

可以發揮個人的創意,依喜好將麵團塑造出各式各樣的造型。

❿ 各式框模及模板

冷凍麵團可壓入框模成型,而模板的使用則是將稀軟的麵糊抹平方便固定型狀厚薄。

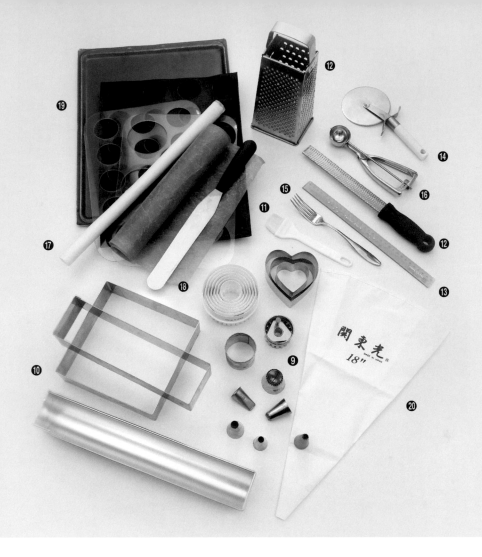

⑪ 毛刷

可以用在餅乾入烤箱前刷上蛋液、或在成品表面刷上巧克力裝飾。

⑫ 刨絲器

用來刨檸檬皮或巧克力的刨絲工具。

⑬ 尺

用來丈量麵團須要整型的尺寸厚度。

⑭ 滾輪刀

可方便快速的將已定型好尺寸的麵團裁切成適當的大小。

⑮ 叉子

有些麵團必須戳洞，或在表面用叉子畫出造型線條來做裝飾。

⑯ 冰淇淋杓

在做圓片餅乾時，可以用不同尺寸的冰淇淋杓挖取定量的麵糊，做出大小一致的餅乾。

⑰ 烘焙布及烘焙紙

將餅乾生料置於烘焙布及紙上，可防止烤好的餅乾沾黏在烤盤上不易取下，切記勿在烘焙布上有任何以刀子切割的動作使其破損，這樣才可清洗晾乾重覆使用。

⑱ 抹刀

在做薄片餅乾時可用來將麵糊抹平，或塗抹夾餡時的工具。

⑲ 烤盤

烤盤分一般及防沾材質。

⑳ 擠花袋及花嘴

麵糊較濕軟時可裝入擠花袋擠注，或利用書中有使用到的平口花嘴、扁平鋸齒花嘴、尖齒花嘴（或稱菊花花嘴）……等，來擠出各式的餅乾造型。

製作冷凍餅乾

將配方中的材料依序加入。

攪拌成均勻的麵團。

再將麵團壓入合適的框模中冷凍
冰硬。

冰硬成型的餅乾切成適當厚薄的
片狀。

製作薄脆餅乾

將奶油攪拌至軟化均勻。

將糖粉過篩後加入拌勻。

再加入過篩後的粉類拌勻成麵糊。

取適量麵糊在烤盤布上成薄片。

CHAPTER

01

冷凍餅乾

　　這類型的餅乾，都是先將麵團攪拌均勻之後壓入框模成型，也可先塑成圓柱等形狀，待放入冰箱冰硬後再取出做切片烘烤，以維持平整的外型。我們稱這類餅乾為「冰箱小西點」。

　　可以將攪拌好的生麵團做冷凍封存的動作，想吃時隨時可以烤來吃！

冷凍餅乾

伯爵香料餅乾

份量 60 片

材料配方

A. 奶油 200g、糖粉 120g

B. 全蛋 40g

C. 伯爵茶末 4g、伯爵茶香料少許

D. 低筋麵粉 300g

E. 杏仁條 50g

製作過程

01 材料 A 全部加在一起拌勻。

02 加入材料 B 拌勻。

03 依序加入材料 C 拌勻。

04 材料 D 過篩備用。

05 將材料 D、E 加入步驟 3。

06 全部混合拌勻，再放入冰箱冷藏 30 分鐘。

07 取出麵團後搓成直徑 4cm 的圓柱狀，再均勻沾滾上細砂糖後放入冰箱冷凍冰硬。

08 取出冰硬的麵團，切成 0.5cm 的厚度，全部排放於盤即可放入烤箱烘烤。

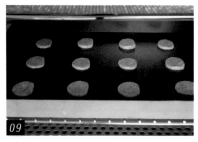

09 以上火 170℃／下火 150℃，烤約 20 分鐘。

冷凍餅乾

椰香火山豆西餅

份量 60 片

材料配方

A. 奶油 140g、糖粉 70g、細砂糖 35g、
　奶粉 20g、鹽 1g

B. 全蛋 70g

C. 奶粉 15g、椰子粉 70g

D. 中筋麵粉 190g

E. 夏威夷豆 90g、巧克力米 25g

🧤 製作過程

01

先將材料 A 加在一起拌勻。

02

加入材料 B 拌勻。

03

材料 D 過篩備用。

04

加入材料 C 拌勻。

05

加入材料 D 拌勻。

06

最後加入材料 E 拌勻，放入冰箱冷藏 30 分鐘。

07

將餅乾麵團整型成半圓柱狀，再放入冰箱冷凍冰硬。

08

取出冰硬的麵團，切出 0.5cm 的厚度再全部排入烤盤中，即可送入烤箱烘烤。

09

以上火 160℃ ／下火 140℃，烤約 20 ～ 25 分鐘。

✐ Tips.

若是使用半圓框型的長條框模來整型，記得再框模內先鋪上一層塑膠布或烘焙紙再壓入麵團，方便冷凍後容易取出。

冷凍餅乾

芝麻沙布烈

份量 70 片

📷 材料配方

A. 發酵奶油 300g、糖粉 140g、鹽 2g

B. 黑芝麻粉 70g

C. 中筋麵粉 250g

D. 蛋黃 1 顆

C. 熟白芝麻適量

🧤 製作過程

材料 A 全部加在一起拌勻。

加入材料 B。

全部混合拌勻。

材料 C 過篩備用。

將材料 C、D 加入步驟 3。

全部混合拌勻,放入冰箱冷藏 30 分鐘。

將麵團整成直徑 3.5cm 的圓柱狀,先在表面均勻沾滾上材料 E,再放入冰箱冷凍冰硬。

將麵團切割成 0.5cm 厚片狀,再全部排放於烤盤中,即可放入烤箱烘烤。

以上火 150°C ╱下火 140°C,烤約 20 ～ 25 分鐘。

01
冷凍餅乾

南瓜堅果餅乾

份量 70 片

🍳 材料配方

A. 奶油 240g、細砂糖 100g　　C. 南瓜粉 40g　　E. 南瓜仁 80g
B. 全蛋 1 顆　　　　　　　　　D. 低筋麵粉 240g

🧤 製作過程

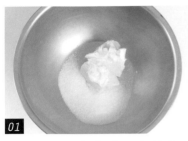
01 將材料 A 全部加在一起拌勻。

02 加入材料 B 拌勻。

03 分別將材料 C、D 過篩備用。

04 將材料 C 加入步驟 2 拌勻。

05 材料 D 加入步驟 4 拌勻。

06 最後再加入材料 E 拌勻，放入冰箱冷藏 30 分鐘。

07 將麵團整成直徑 3.5cm 的圓柱狀，再放入冰箱冷凍冰硬。

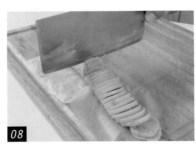
08 將麵團切割成 0.5cm 的厚度，全部排放於烤盤中，即可放入烤箱烘烤。

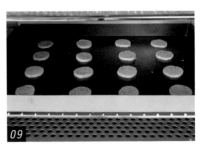
09 以上火 160℃／下火 150℃，烤約 18 ～ 20 分鐘。

01
冷凍餅乾

亞麻脆餅

份量 50 片

📷 材料配方

A. 奶油 180g、細砂糖 95g　　C. 白芝麻 80g、亞麻籽 80g

B. 蛋白 40g　　　　　　　　D. 低筋麵粉 200g

製作過程

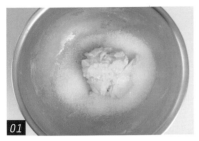

01 材料 A 全部加在一起拌勻。

02 分次加入材料 B 後拌勻。

03 先以調理機將材料 C 打碎，再加入步驟 1。

04 全部混合拌勻。

05 材料 D 過篩備用。

06 將材料 D 加入步驟 4 拌勻。

07 將麵團整型成 3cm×4cm 的長條狀，再放入冰箱冷凍冰硬。

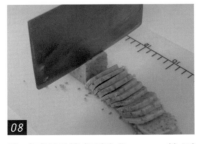

08 取出麵團後切割成 0.5cm 的厚片狀，再全部排入烤盤中，即可放入烤箱烘烤。

09 以上火 170℃／下火 160℃，烤約 25 分鐘。

冷凍餅乾

黑白芝麻

份量 60 片

🔖 材料配方

A. 奶油 180g、細砂糖 100g　　C. 黑芝麻粉 60g、白芝麻 45g

B. 全蛋 75g　　　　　　　　　D. 低筋麵粉 270g

🧤 製作過程

01

將材料 A 全部加在一起後稍
打發。

02

分次加入材料 B 拌勻。

03

加入材料 C。

04

全部混合拌勻。

05

材料 D 過篩備用。

06

將材料 D 加入步驟 4 拌勻，
再放入冰箱冷藏 30 分鐘。

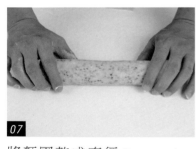

07

將麵團整成直徑 3cm ～ 4cm
的圓柱狀，再放入冰箱冷凍。

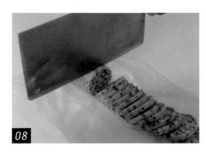

08

切割成 0.5cm 厚的圓片，整齊
排入烤盤中，即可放入烤箱
烘烤。

09

以上火 160℃／下火 150℃，
烤約 18 ～ 20 分鐘。

01
冷凍餅乾

抹茶開心果餅乾

份量 60 片

📷 材料配方

A. 奶油 170g、細砂糖 125g
B. 全蛋 70g
C. 抹茶粉 15g、中筋麵粉 260g
D. 開心果 50g
E. 杏仁粉適量

製作過程

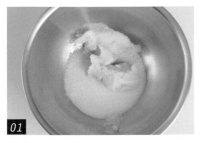

01 將材料 A 稍打發。

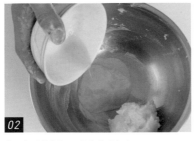

02 加入材料 B 混合拌勻。

03 材料 C 過篩備用。

04 將材料 C 加入步驟 2 混合拌勻。

05 加入材料 D 混合拌勻。

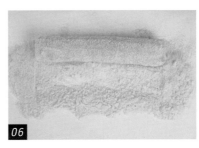

06 將麵團平均分為 2 份，先搓成 20cm 長的圓柱狀，再均勻沾裹上材料 E。

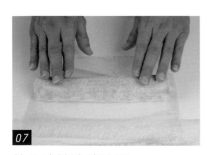

07 放入冰箱冷凍冰硬。

08 冰硬後切割成 0.5cm 厚的圓片，再整齊排入烤盤中，即可放入烤箱烘烤。

09 以上火 150°C ／下火 140°C，烤約 20 ～ 25 分鐘。

01

冷凍餅乾

向日葵餅乾

份量 60 片

材料配方

A. 奶油 180g、糖粉 90g

B. 蛋黃 20g

C. 杏仁粉 35g、低筋麵粉 180g

D. 葵瓜子 35g

E. 可可粉 15g

F. 南瓜粉 10g

製作過程

材料 A 全部加在一起拌勻。

材料 B 加入步驟 1。

全部混合拌勻。

材料 C 全部加在一起。

將材料 C 過篩備用。

將材料 C 加入步驟 3。

07 全部混合拌勻。

08 取⅔拌好的麵團，分別加入材料 D、E。

09 將麵團拌勻後放入冰箱冷藏 30 分鐘。

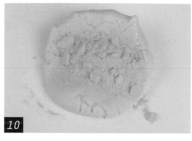

10 取另外⅓的麵團，加入材料 F 作為調色。

11 將麵團拌勻後再放入冰箱冷藏 30 分鐘。

12 取深色麵團，搓成直徑 3cm× 長 40cm 的圓柱狀；黃色麵團 擀 開 成 厚 0.4cm×15cm×40cm 的長方形；刷上水；包裹可可 麵團後冷凍冰硬。

13 取出冷凍後的麵團，切成每 約 0.5cm 厚片。

14 以 5 cm 直徑的壓花模壓出花 型，全部放入烤盤，即可進 烤箱烘烤。

15 以上火 160℃／下火 150℃， 烤約 20 分鐘。

✐ Tips.

這道餅乾的造型，是在預備這本書時突然想到的靈感，是不是很可愛呢！

01

冷凍餅乾

咖啡杏仁曲奇

01
冷凍餅乾

咖啡杏仁曲奇

份量 70 片

材料配方

A. 奶油 180g、細砂糖 160g　　C. 咖啡粉 20g　　E. 杏仁片 100g

B. 全蛋 1 顆　　D. 中筋麵粉 320g

製作過程

01
材料 A 全部加在一起。

02
全部混合拌勻。

03
分次加入材料 B。

04
全部混合拌勻。

05
材料 C 過篩備用。

06
材料 D 過篩備用。

07
將材料 C、D、E 一起加入步驟 4。

08
全部混合拌勻。

09
將拌好的麵團壓入厚度 3cm 的方形烤盤中擀平,再放入冰箱冷凍冰硬。

10
待冰硬後,切割成 5cm 寬條狀。

11
再切割成 0.5cm 厚片狀,整齊排入烤盤中,即可放入烤箱烘烤。

12
以上火 180°C ╱ 下火 160°C,烤約 25 分鐘。

✐ Tips.

如果沒有方形烤盤,也可取其他工具為輔助,將麵團整成方形。

01
冷凍餅乾

核桃草莓西餅

份量 60 片

材料配方

A. 奶油 170g、糖粉 80g
B. 全蛋 40g

C. 核桃 60g
D. 低筋麵粉 240g

E. 蜜草莓乾（切碎）45g

製作過程

01

材料 A 全部加在一起。

02

將材料 A 混合拌勻。

03

加入材料 B。

04

全部混合拌勻。

05

使用調理機將材料 C 打成粉末狀，再加入步驟 4 拌勻。

06

材料 D 過篩備用。

07

將材料 D 加入步驟 5 拌勻。

08

加入材料 E。

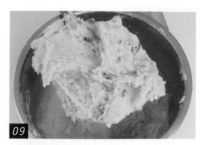

09

全部混合拌勻後放入冰箱冷藏 30 分鐘。

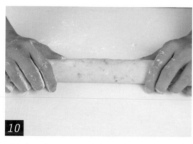

10

取出冷藏後的麵團,整成直徑 3.5cm 的圓柱狀,再放入冷凍冰硬。

11

取出麵團,切割成約 0.5cm 的厚片,排放於烤盤中,即可放入烤箱烘烤。

12

以上火 170°C ／下火 150°C,烤約 20 分鐘。

✐ Tips.

　蜜草莓乾也可更換成蔓越莓乾、藍莓乾、櫻桃乾等帶有酸味的果乾。

01

冷凍餅乾

茉綠茶香餅乾

冷凍餅乾

茉綠茶香餅乾

份量 60 片

🍳 材料配方

A. 奶油 210g、糖粉 140g

B. 蛋黃 25g

C. 杏仁粉 65g、低筋麵粉 300g

D. 茉綠茶末 5g、南瓜仁 50g

E. 抹茶粉 5g、奶油 15g

👆 製作過程

材料 A 全部加在一起拌勻。

加入材料 B 拌勻。

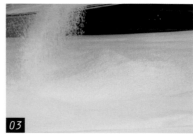

材料 C 過篩備用。

將材料 C 加入步驟 2。

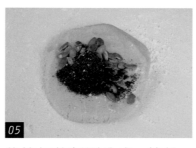

將拌好的麵團分成 2 等份，
一份拌入材料 D。

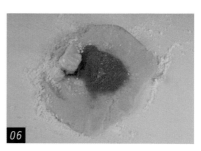

另一半麵團拌入材料 E。

07

分別將麵團揉勻成兩種不同顏色和風味的麵團，最後再放入冰箱冷藏 30 分鐘。

08

將冷藏後的茉綠南瓜仁麵團，擀成厚 1.3cm 的方形。

09

將抹茶麵團再分成 2 份，分別擀開成和茉綠南瓜仁麵團一樣大小，約 0.6cm 厚的方形，最後再刷上水。

10

將茉綠南瓜仁麵團放到抹茶麵團上，並於最上層表面刷上水。

11

疊上另一片抹茶麵團，即可放入冰箱冷凍冰硬。

12

麵團放入冰箱之前可以利用刮板將麵團整成形狀較完整的方形。

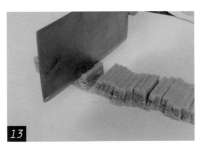

13

將麵團切割成 5cm×2.5cm 的長條狀，再切出約 0.5cm 的厚度。

14

全部排放於烤盤中，即可放入烤箱烘烤。

15

以上火 170℃／下火 150℃，烤約 20 分鐘。

✐ Tips.

　　疊好的麵團要按壓緊實，切片時才不易產生空隙。

01
冷凍餅乾

焦糖餅乾捲

份量 60 片

材料配方

» 餅乾

A. 發酵奶油 200g、糖粉 110g、鹽 ¼ 小匙

B. 全蛋 70g

C. 杏仁粉 70g

D. 低筋麵粉 210g

» 焦糖餡

E. 細砂糖 80g

F. 動物性鮮奶油 65g

G. 杏仁粉 35g、杏仁角 40g

製作過程

01
將材料 E 煮至焦化。

02
加入材料 F 溶勻。

03
最後加入材料 G 拌勻。

04
待降溫備用。

05
將材料 A 全部加在一起拌勻。

06
加入材料 B 拌勻。

07 加入材料 C 拌勻。

08 材料 D 過篩備用。

09 將材料 D 加入步驟 7 拌勻，放入冰箱冷藏 30 分鐘。

10 將冷藏後的麵團擀開成 0.5cm 厚的長方形，再均勻的抹上焦糖餡。

11 慢慢捲成圓柱狀。

12 將捲好的麵團放入冰箱冷凍冰硬。

13 取出冷凍後的麵團，切割成 0.5cm 厚的片狀。

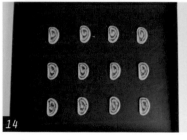

14 全部整齊排於烤盤中，即可放入烤箱烘烤。

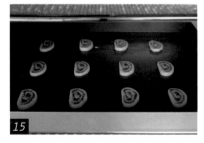

15 以上火 160°C ／下火 150°C，烤約 20 ～ 25 分鐘。

✐ Tips.

　煮好降溫的焦糖餡較為黏稠，為方便在已擀開的麵團上抹勻，麵團可以冰硬一點再抹上餡料。

01
冷凍餅乾

香梅餅

01
冷凍餅乾

香梅餅

份量 60 片

🔲 材料配方

A. 奶油 150g、糖粉 75g　　C. 低筋麵粉 250g

B. 牛奶 25g　　　　　　　D. 梅子粉 15g、碎核桃 90g、梅子肉 10g

🧤 製作過程

01

將材料 A 稍打發。

02

加入材料 B 拌勻。

03

材料 C 過篩備用。

04

將材料 C 加入步驟 2。

05

全部混合拌勻。

06

加入材料 D 中的梅子粉。

07 依序加入其他的材料 D。

08 全部混合拌勻。

09 將麵團整成長條狀的三角形。

10 放入冰箱冷凍冰硬。

11 切成 0.5cm 的厚片狀,再全部排放於烤盤中,即可放入烤箱烘烤。

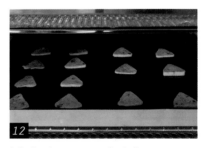

12 以上火 150°C ／下火 140°C,烤約 25 ～ 30 分鐘。

✐ Tips.

1. 使用市售梅子粉及梅子肉來製作。

2. 餅乾麵團可利用三角形長條框模來整型,在框模內一樣要鋪上塑膠布或烘焙紙方便取出。

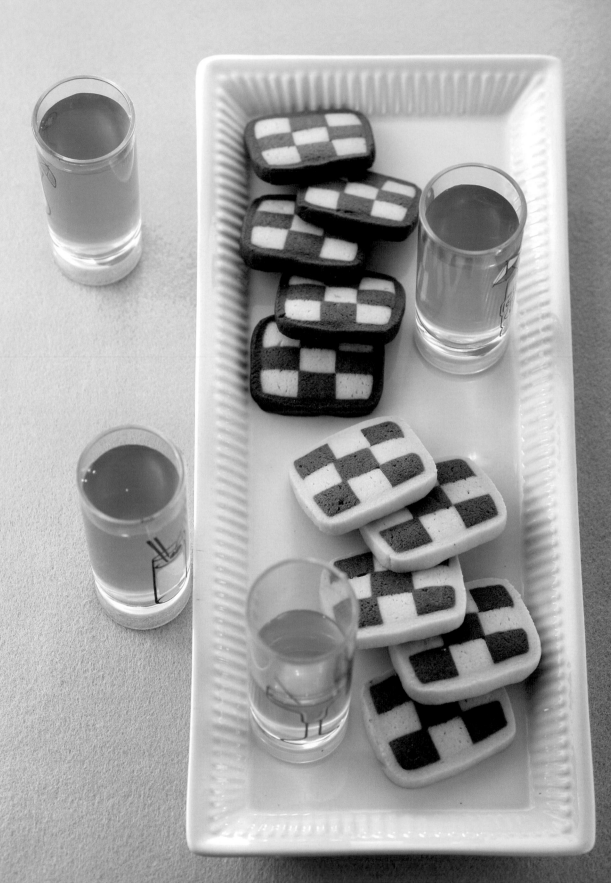

01
冷凍餅乾

棋格冰箱小西餅

份量 70 片

🎯 材料配方

A. 奶油 180g、糖粉 160g、鹽 2g

B. 全蛋 70g

C. 低筋麵粉 360g

D. 可可粉 8g、小蘇打粉 ¼ 小匙、水 13g

🧤 製作過程

01

材料 A 加在一起拌勻。

02

加入材料 B 拌勻。

03

材料 C 過篩備用。

04

將材料 C 加入步驟 2 拌勻成麵團，再分成兩等份。

05

材料 D 全部加在一起拌勻備用。

06

取一份麵團，加入材料 D 製成可可麵團，再放入冰箱冷藏 30 分鐘。

07

取黑、白麵團各 280g，各自整成 9cm×22cm×1cm 的厚度，最後再放入冰箱冰硬。

08

分別將黑、白麵團切割成 3cm×22cm×1cm 厚的長條片狀各 3 片。

09

刷水後以黑白相間方式重疊，再次放入冰箱冰硬。

10

再切割成 1cm×22cm×1cm 的片狀，同樣刷水以黑白相間的方式組合成 9 宮格的棋格狀。

11

將剩餘的黑、白麵團各自擀開成 0.1cm ～ 0.2cm 的厚度；2cm×22cm 的大小。

12

刷水後分別包覆在棋格狀的麵團外層，再次放入冰箱冷凍冰硬。

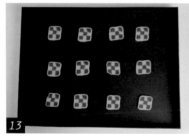

13

冰硬後切割成 0.5 cm 厚片狀，整齊排入烤盤中，即可放入烤箱烘烤。

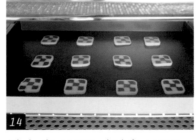

14

以上火 150℃／下火 140℃，烤約 20 分鐘。

01
冷凍餅乾

雙捲草莓手工餅乾

01
冷凍餅乾

雙捲草莓手工餅乾

份量 40 片

材料配方

A. 奶油 200g、糖粉 100g   C. 低筋麵粉 230g
B. 全蛋 1 個   D. 草莓粉或草莓香料適量

製作過程

將材料 A 拌勻。

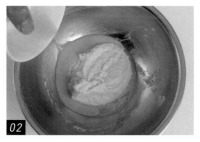
加入材料 B 拌勻。

材料 C 過篩備用。

將材料 C 加入步驟 2。

全部混合拌勻成麵團狀。

將麵團分成兩等份,一份加入材料 D。

07 調和出柔和的粉紅色。

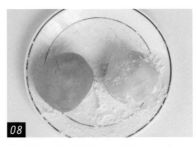

08 將麵團全部放入冰箱冷藏 30 分鐘。

09 取出紅、白兩麵團，分別整成約 0.4cm 厚的方型。

10 一起捲成長條圓柱狀。

11 放入冰箱冷凍冰硬。

12 切割成 0.5cm 厚的圓片。

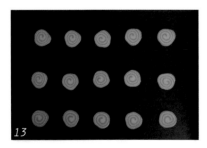

13 全部整齊排入烤盤中，即可放入烤箱烘烤。

14 以上火 160°C／下火 150°C，烤約 20 分鐘。

✐ Tips.

可以發揮自己的創意，將不同口味的兩種麵團結合，例如：抹茶、咖啡，巧克力……。

造型組合餅乾

　　是所有餅乾製作程序較為複雜的一類，但相對的也
是口感較為豐富的一種。通常是包括兩種以上的餅皮或
餡料，將其搭配組合在一起，或利用工具做出特殊造型。
製作過程稍繁瑣，並且需要些技術上的變化。

02
造型組合餅乾

蝴蝶酥

份量 20 個

🔲 材料配方

A. 市售葡式塔皮捲 1 條
B. 細砂糖 100g

📝 製作過程

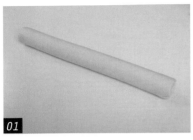

01
先將材料 A 放在室溫下退冰軟化。

02
將退冰後的餅皮攤開。

03
均勻鋪撒上材料 B。

04
將餅皮自左右端開始向內側捲起。

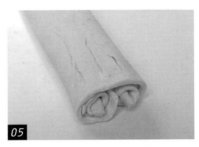

05
捲起的麵皮須成漩渦狀。

06
表面再撒上適量的細砂糖後再次放入冰箱冷凍冰硬。

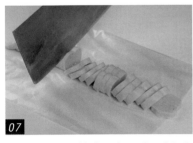

07
取出冰硬的餅皮,切割成 1cm 厚。

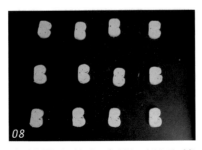

08
全部排入烤盤中即可送入烤箱烘烤。

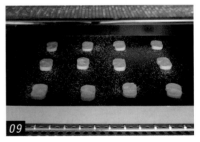

09
以上火 120°C／下火 140°C,烤約 25 ～ 30 分鐘。

✐ Tips.

此為簡易蝴蝶酥的作法。

02
造型組合餅乾

椰香花圈小餅

份量 50 片

📷 材料配方

A. 奶油 180g、糖粉 60g、鹽 1g
B. 全蛋 20g、香草精少許

C. 杏仁粉 30g、椰子粉 30g、
　低筋麵粉 220g、泡打粉 2g
D. 椰子粉

✎ 製作過程

01 材料 A 全部加在一起混合拌勻。

02 加入材料 B 拌勻。

03 將材料 C 過篩備用。

04 將材料 C 加入步驟 2。

05 全部混合拌勻後放入冰箱冷藏 30 分鐘。

06 取出麵團，擀開至 0.4cm 厚度，再以壓花模壓出花型。

07 將多餘的麵皮取掉。

08 全部整齊排放於烤盤中，並在表面撒上適量的材料 D。

09 以上火 170℃／下火 170℃，烤約 20 分鐘。

造型組合餅乾

核桃覆盆子配司

份量 30 片

🍳 材料配方

» 底餅

A. 發酵奶油 120g、糖粉 50g

B. 蛋黃 40g

C. 中筋麵粉 190g

» 核桃蛋白餅

D. 蛋白 2 個、細砂糖 90g

E. 核桃 40g、香草精少許

F. 覆盆子果醬

🧤 製作過程

01

將底餅中的材料 A 稍打發。

02

加入材料 B 拌勻。

03

材料 C 過篩備用。

04

將材料 C 加入步驟 2。

05

全部混合拌勻後放入冰箱冷藏 30 ～ 60 分鐘。

06

取出麵團後擀開至 0.2 ～ 0.3cm 厚。

07

以直徑 6cm 花型模壓出底餅
備用。

08

將核桃蛋白餅中的材料 D 打
發至乾性發泡。

09

先將材料 E 中的核桃切碎備
用。

10

材料 E 加入步驟 8 拌勻。

11

將蛋白霜裝入擠花袋中。

12

以平口花嘴將蛋白霜擠一圈
在底餅上。

13

將覆盆子果醬裝入擠花袋中。

14

在蛋白霜中央擠入適量的覆盆
子果醬,即可放入烤箱烘烤。

15

以上火 150°C ╱下火 160°C,
烤約 30 分鐘。

02
造型組合餅乾
太妃香酥杏仁餅

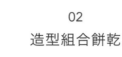

02
造型組合餅乾
太妃香酥杏仁餅

份量 20 片

📟 材料配方

» 餅乾

A. 發酵奶油 200g、細砂糖 100g、鹽 ⅛ 小匙

B. 檸檬皮末（1 顆的量）

C. 全蛋 1 顆

D. 杏仁粉 100g、低筋麵粉 270g、泡打粉 ½ 小匙

» 杏仁餡

E. 動物性鮮奶油 50g、細砂糖 40g、奶油 100g、蜂蜜 30g、麥芽糖 30g

F. 杏仁片 300g

🧤 製作過程

01
將材料 A 全部加在一起打發。

02
材料 D 全部加在一起過篩備用。

03
將材料 B 加入步驟 1 拌勻。

04
加入材料 C 拌勻。

05
將材料 D 加入步驟 4 拌勻。

06
全部混合拌勻後放入冰箱冷藏 30 分鐘。

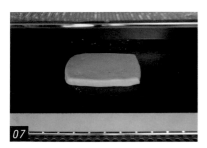

07

麵團擀至 24cm×18cm×0.5cm 厚,以全火 170℃,烤約 20 分鐘至稍上色。

08

將材料 E 全部加在一起煮。

09

材料 E 煮至淺褐色且稍微有焦香味。

10

拌入材料 F。

11

煮至收汁即可。

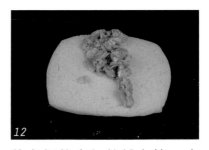

12

將煮好的杏仁餡鋪在第一次烤焙後的餅皮上。

13

放進烤箱進行第二次烘烤,須烤至呈現焦糖色。

14

第二次以上火 180℃／下火 170℃,烤約 20 ～ 25 分鐘。

15

出爐後待涼,切成 2.5cm×10cm 長條狀。

造型組合餅乾

豐富水果餡餅

份量 20 個

🍴 材料配方

» 餅皮

A. 發酵奶油 150g、低筋麵粉 250g、糖粉 45g、
　杏仁粉 75g、泡打粉 1 小匙

B. 全蛋 60g、蛋黃 20g

C. 全蛋 10g

D. 杏仁片適量

» 水果餡

E. 芒果乾 60g、蜜漬橘皮 20g、
　蔓越莓乾 70g、鳳梨果醬 80g、
　蘭姆酒 20g

🧤 製作過程

01 將材料 A 中的粉類過篩備用。

02 材料 A 全部加在一起，攪拌至呈鬆沙粒狀。

03 加入材料 B 拌成團狀後放入冰箱冷藏 30 分鐘。

04 將材料 E 全部加在一起，再以調理機打碎成泥。

05 將餅皮分割成每個約 30g 重，再擀開至 7 cm×10cm 大小。

06 舀入約 12g 的水果餡。

07 將左右邊的餅皮向內折疊成 5cm×6cm 大小。

08 將麵皮的收口朝下。

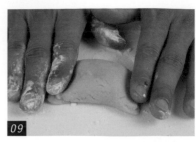

09 用手輕輕按壓一下麵皮的左右邊。

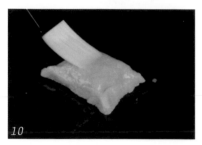

10 在麵皮的表面刷上材料 C。

11 最後在麵皮表面貼上材料 D，即可放入烤箱烘烤。

12 以上火 190°C／下火 170°C，烤約 20 ～ 25 分鐘。

✎ Tips.

1. 配方中的果乾可做更換，建議搭配以偏酸的果乾為主，讓整體吃起來酸中帶甜不膩！

2. 鳳梨果醬也可以用製作鳳梨酥的鳳梨膏替代。

02
造型組合餅乾

QQ糖餅乾

02
造型組合餅乾
QQ 糖餅乾
份量 25 個

材料配方

A. 奶油 125g、糖粉 60g

B. 全蛋 1 顆、蛋黃 1 顆、牛奶 15g、香草精少許

C. 低筋麵粉 225g

D. 市售果汁 QQ 糖適量

E. 草莓果醬適量

製作過程

01 材料 A 全部加在一起。

02 將材料 A 拌勻。

03 加入材料 B 的蛋。

04 再加入材料 B 中的牛奶。

05 最後再加入材料 B 的香草精拌勻。

06 材料 C 過篩備用。

07　將材料 C 加入步驟 5。

08　全部混合拌勻，放入冰箱冷藏 30 分鐘。

09　取出麵團，擀開至 0.3cm 厚，再以壓花模壓出花的外型。

10　以擠花嘴的前端壓出中空的花型。

11　全部排入烤盤中，即可放入烤箱烘烤。

12　以上火 170℃／下火 160℃，烤約 20 分鐘。

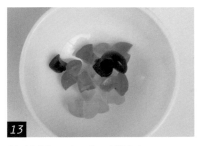

13　將材料 D 切小丁備用。

14　待出爐前將材料 D 放在餅乾中空的位置，稍燜 1 ～ 2 分鐘至溶解後再出爐放涼。

✐ Tips.

1. 將 2 片餅乾為一組，抹上草莓果醬後對夾，即組合完成。

2. 出爐冷卻待中心的 QQ 糖凝固，才可以移動餅乾。

02

造型組合餅乾

咖啡夾心餅

份量 25 個

📟 材料配方

» 咖啡餅

  A. 奶油 150g、糖粉 40g

  B. 蛋白 150g、細砂糖 65g

  C. 杏仁粉 150g、低筋麵粉 60g

  D. 咖啡粉少許

» 咖啡奶油霜

  E. 有鹽奶油 120g、咖啡粉 5g

  F. 西點糖漿 20g

  G. 切碎烤香杏仁片 30g

🧤 製作過程

材料 A 全部加在一起打發至絨毛狀。

材料 B 全部加在一起打至乾性發泡。

材料 C 全部加在一起。

將材料 C 過篩備用。

分別將材料 B、C 交叉拌入步驟 2。

全部混合拌勻。

07 將麵糊裝入擠花袋中。

08 以平口花嘴在烤盤上，擠出每顆約 12g 的圓形麵糊。

09 撒上少許咖啡粉點綴後即可放入烤箱，以上火 160°C ／下火 150°C，烤約 25 ～ 30 分鐘。

10 將材料 E 打發至呈絨毛狀。

11 將材料 F、G 依序加入步驟 10。

12 全部混合拌勻成咖啡奶油霜備用。

13 待咖啡餅出爐冷卻，在餅乾平面處塗抹或擠上適量的咖啡奶油霜。

14 餅乾以 2 片為一組。

15 對夾後即可完成。

02
造型組合餅乾
鳳梨達克斯餅

02
造型組合餅乾

鳳梨達克斯餅

份量 50 片

材料配方

» 底餅

A. 奶油 200g、細砂糖 100g

B. 全蛋 1 顆

C. 杏仁粉 100g、低筋麵粉 250g

» 達克斯餅

D. 蛋白 80g、塔塔粉 ¼ 小匙、細砂糖 40g

E. 杏仁粉 80g、糖粉 25g、低筋麵粉 25g

F. 鳳梨果醬 175g

製作過程

材料 A 打發至絨毛狀。

加入材料 B 拌勻。

材料 C 過篩備用。

將材料 C 加入步驟 2。

全部混和拌勻後放入冰箱冷藏
30 分鐘。

將材料 D 打發至乾性發泡。

07 材料 E 過篩備用。

08 將材料 E 加入步驟 6 混合拌勻，即可成為達克斯麵糊。

09 取出冷藏後的麵團，分割成 7 份後分別擀開成 5cm×25cm，厚約 0.3cm 的餅皮，整齊排入烤盤中。

10 將達克斯麵糊裝入擠花袋中。

11 以菊花嘴各擠 2 條在餅皮上。

12 將材料 F 裝入擠花袋中。

13 在餅皮中間擠上材料 F，即可放烤箱烘烤。

14 以上火 170℃／下火 170℃，烤約 30 ～ 35 分鐘。

15 出爐後趁熱切成塊，即可完成。

02
造型組合餅乾

楓糖白巧夾心

份量 100 片

📠 材料配方

A. 奶油 240g、糖粉 100g
B. 楓糖漿 150g
C. 全蛋 100g

D. 低筋麵粉 450g、杏仁粉 110g
E. 白巧克力適量

🧤 製作過程

01 材料 A 全部加在一起。

02 將材料 A 稍打發。

03 依序加入材料 B、C 拌勻。

04 材料 D 過篩備用。

05 將材料 D 加入步驟 3。

06 全部混合拌勻後放入冰箱冷藏 30 分鐘。

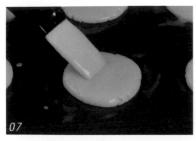

取出麵團，分割成每個 10g 大小，搓圓壓扁後放入烤盤，最後再刷上一層蛋黃。

以上火 170°C ／下火 160°C，烤約 15 ～ 20 分鐘。

將材料 E 以隔水加熱的方式煮至溶化。

餅乾出爐後待冷卻，即可在內側塗抹上材料 E。

以 2 片餅乾合併為一組。

餅乾合併後，在表面 ½ 處刷上材料 E 作為裝飾，即可完成。

02
造型組合餅乾

花生雪霜餅

02
造型組合餅乾

花生雪霜餅

份量 48 片

材料配方

» 餅乾

A. 奶油 150g、低筋麵粉 250g

B. 細砂糖 15g、鹽 2g、牛奶 85g

C. 花生粉 20g

» 花生蛋白霜

D. 糖粉 200g、蛋白 45g、花生角 80g

製作過程

01 先將材料 A 的低筋麵粉過篩備用。

02 將材料 A 全部加在一起。

03 在鋼盆中以切拌的方式讓材料 A 呈沙粒狀。

04 先將材料 B 溶勻,再加入步驟 3。

05 全部混合拌勻後放入冰箱冷藏 30 分鐘。

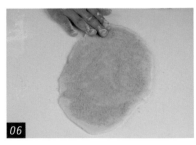
06 取出麵團,擀開至 30cm×20cm,再撒上花生粉。

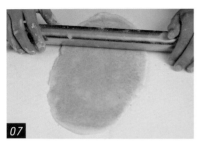

07
以擀麵棍壓一下讓花生粉更附著於麵團表面。

08
先將麵團三折 ×2 次。

09
再擀開至 22cm×42cm 的大小，約 0.4cm 的厚度。

10
將麵皮切割成 2.5cm×7cm 的大小。

11
以叉子在餅皮上叉出小洞。

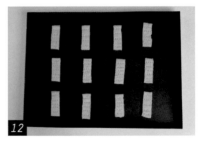

12
全部排放於烤盤上。

13
將材料 D 以中速打發備用。

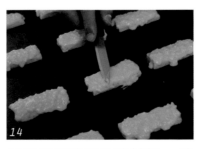

14
以果醬刀或湯匙將材料 D 塗抹於餅皮上，即可放入烤箱烘烤。

15
以上火 150°C／下火 160°C，烤約 30 ～ 35 分鐘。

造型組合餅乾

酒漬葡萄乾夾心餅

份量 25 個

材料配方

» 餅乾麵團

A. 杏仁粉 75g、發酵奶油 225g、糖粉 90g、鹽 3g、
低筋麵粉 300g、泡打粉 ¼ 小匙

B. 蛋白 30g

» 酒漬葡萄乾夾心餡

C. 奶油 80g、煉乳 20g
D. 白蘭地酒 10g

製作過程

01 將材料 A 中的粉類全部過篩備用。

02 材料 A 全部加在一起攪拌至鬆散狀。

03 加入材料 B。

04 全部混合拌勻成團狀後放入冰箱冷藏 30 分鐘以上。

05 取出麵團，擀開成 0.3cm ～ 0.4cm 厚，切割成 6cm×4cm 大小。

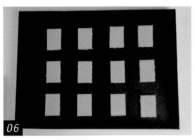

06 再次放入冰箱冰硬，取出後排放於烤盤上。

83

在麵皮表面刷上兩次蛋黃，即可放入烤箱烘烤。

以上火 170℃／下火 150℃，烤約 20 分鐘。

將材料 C 打發至絨毛狀。

最後加入材料 D 拌勻，即可成為夾心餡。

將烤好的餅乾塗抹上適量夾心餡。

餅乾 2 片為一組，即組合完成。

✐ Tips.

　　將蘭姆酒蓋過葡萄乾事先浸泡入味，也可以將泡好的酒漬葡萄乾保存於冰箱冷藏，方便隨時取用。

02
造型組合餅乾

椰子蛋白餅

02
造型組合餅乾

椰子蛋白餅

份量 25 個

材料配方

» 蛋白餅

A. 蛋白 6 顆、細砂糖 80g

B. 糖粉 60g、椰子粉 50g、
杏仁粉 160g

C. 糖粉適量

» 榛果奶油夾餡

D. 水 110g、細砂糖 30g

E. 蛋白 60g

F. 發酵奶油 320g

G. 榛果醬 110g

製作過程

01 將材料 A 打至乾性發泡。

02 材料 B 中的糖粉和杏仁粉全部加在一起。

03 全部過篩備用。

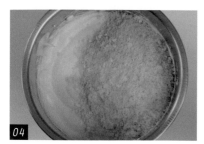

04 將材料 B 加入步驟 1。

05 全部混合拌勻。

06 將麵糊裝入擠花袋中。

07 將麵糊擠入框模後抹平,最後再將框模移開。(註:框模內先抹水,易使麵糊離模。)

08 重複 2 次篩上材料 C,即可放入烤箱烘烤。

09 以上火 160℃ /下火 150℃,烤約 20 ～ 25 分鐘。

10 將材料 D 加熱至 117℃ 備用。

11 將材料 E 打至濕性發泡後加入材料 D。

12 加入材料 F 後打發。

13 最後加入材料 G 混合拌勻,即成榛果奶油夾餡。

14 蛋白餅出爐待冷卻,再擠或塗抹上榛果奶油夾餡。

15 2 片餅乾合併夾起來,即可完成。

✎ Tips.

1. 步驟 7 可以準備 1cm 厚保麗龍珍珠板,先壓出橢圓的模型,再擠入麵糊後抹平,最後再將模板移開。

2. 保麗龍珍珠板可在美術用品社買到,正統的棋板是透明壓克力的材質或矽膠材質,亦可用此做為簡易的替代工具。

02

造型組合餅乾

無花果夾心方酥

份量 24 個

材料配方

» 餅皮

A. 奶油 75g、細砂糖 30g、鹽 1g

B. 全蛋 30g

C. 杏仁粉 65g、低筋麵粉 125g、
泡打粉 ⅛ 小匙

» 夾心餡

D. 無花果乾 60g、紅酒 40g

E. 檸檬汁 25g

F. 碎核桃 125g、蛋糕碎屑 40g

製作過程

01 先將材料 D 浸泡 3 天,並放於冰箱冷藏。

02 將材料 D 瀝乾。

03 以調理機將材料 D 打碎。

04 依序加入材料 E、F。

05 全部混合拌勻後即成夾心餡。

06 將材料 A 全部加在一起拌勻。

加入材料 B 混合拌勻。

材料 C 過篩備用。

將材料 C 加入步驟 7 拌勻，再放入冰箱冷藏 30 分鐘。

將麵團分為兩份，擀開至 0.3cm 厚，再以叉子叉出小洞，一片則放入 10" 方形框模中。（註：亦可選擇不放入框模中。）

將夾心餡平鋪在餅皮上。

蓋上另一片餅皮。

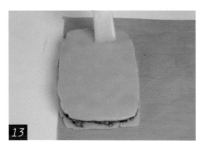

在餅皮表面刷上蛋黃。

最後在餅皮表面劃上紋路，即可放入烤箱烘烤。

以上火 170℃／下火 160℃，烤約 30 分鐘。待出爐冷卻後即可切成適當大小。

✐ Tips.

蛋糕碎屑可將平常多餘的蛋糕邊冷凍保存，要用時取出用調理機打成粉或以篩網過篩後使用！

02
造型組合餅乾
抹茶酥片

02
造型組合餅乾

抹茶酥片

份量 50 片

材料配方

» **餅乾麵團**
  A.奶油 110g、糖粉 110g
  B. 全蛋 40g
  C. 低筋麵粉 160g、抹茶粉 10g

» **千層酥皮**
  D.市售葡式塔皮捲 1 條

製作過程

01
將材料 A 全部加在一起。

02
全部混合拌勻。

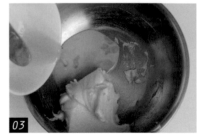
03
加入材料 B 拌勻。

04
材料 C 全部加在一起。

05
將材料 C 過篩備用。

06
將材料 C 加入步驟 3。

07

全部混合拌勻後放入冰箱冷藏 30 分鐘。

08

將冷藏好的麵團搓成直徑 3.5cm×35cm 的長條圓柱體。

09

將葡式塔皮捲退冰至軟化備用。

10

塔皮軟化後攤開成一片,再擀成 35cm×12cm 大小,0.2cm 的厚度。

11

在餅皮內側刷上水。

12

以塔皮包覆餅乾麵團,最後再放入冰箱冷凍冰硬。

13

取出冰硬的麵團,切割成 0.5cm 厚的圓片。

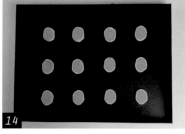

14

全部整齊排於烤盤中,即可放入烤箱烘烤。

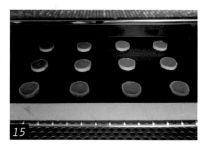

15

以上火 170°C /下火 160°C,烤約 20 分鐘。

✐ Tips.

　千層酥皮包覆餅乾麵團時,接縫處要薄一點,並刷水使酥皮接縫重疊,在烤焙時才不會因膨脹而分離。

薄脆餅乾

　　輕薄的外型、酥脆的口感是這類餅乾的最大特色，為使餅乾更酥脆可口，通常也會以堅果為主要元素。而這類麵糊通常較為稀軟，目的是方便於用擠的或用抹的方式來成型，也為了讓麵糊在烤焙時較容易呈外擴扁平狀。

03
薄脆餅乾

杏仁瓦片

份量 40 片

📷 材料配方

A. 細砂糖 90g、蛋白 80g、全蛋 1 顆　　C. 低筋麵粉 65g

B. 奶油 30g　　　　　　　　　　　　　D. 杏仁片 250g

🧤 製作過程

材料 A 全部加在一起。

攪拌至糖溶化。

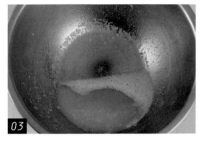

加入溶化的材料 B 拌勻。

材料 C 過篩備用。

將材料 C 加入步驟 3。

全部混合拌勻。

加入材料 D 拌勻。

將杏仁片麵糊舀在烤盤布上，再以手指沾水將其均勻推開。（註：儘量不要重疊。）

以上火 150℃／下火 110℃，烤約約 20 分鐘，即可完成。

薄脆餅乾

海苔酥

份量 80 片

材料配方

A. 奶油 160g、細砂糖 90g

B. 蛋白 80g

C. 低筋麵粉 125g

D. 海苔粉 3g

製作過程

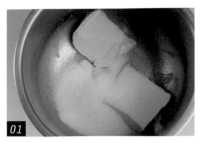

01 材料 A 全部加在一起。

02 先將材料 A 稍打發，再分次加入材料 B 料拌勻。

03 材料 C 過篩備用。

04 將材料 C 加入步驟 2 拌勻。

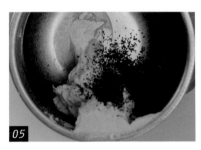

05 加入材料 D。

06 全部混合拌勻。

07 以平口花嘴將麵糊整齊擠在烤盤布上。

08 於麵糊表面撒上少許材料 D，即可放入烤箱烘烤。

09 以上火 160℃／下火 150℃，烤約 15 分鐘。

03
薄脆餅乾

咖啡薄餅

份量 60 片

材料配方

A. 奶油 90g、糖粉 75g   C. 咖啡粉 6g   E. 杏仁角適量

B. 蛋白 70g   D. 低筋麵粉 85g

🧤 製作過程

01 將材料 A 打發至絨毛狀。

02 分次加入材料 B 拌勻。

03 材料 D 過篩備用。

04 材料 C、D 加在一起。

05 將材料 C、D 加入步驟 2 拌勻。

06 將麵糊裝入擠花袋中

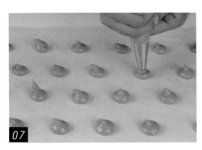

07 以直徑 1cm 平口花嘴,在烤盤上擠出約 10 元硬幣大小的圓型。

08 將材料 E 均勻的鋪撒在麵糊上,再將烤盤布輕輕拉起,去掉多餘的杏仁角,即可放入烤箱烘烤。

09 以上火 160°C／下火 150°C,烤約 20 分鐘。

03
薄脆餅乾

芝麻薄片

份量 45 片

🍥 材料配方

A. 奶油 90g、細砂糖 140g
B. 柳橙汁 90g
C. 低筋麵粉 90g
D. 黑芝麻 40g、白芝麻 50g

🧤 製作過程

材料 A 全部加在一起。

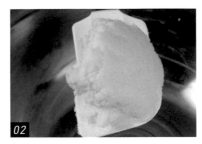
將材料 A 拌勻。

加入材料 B 拌勻。

材料 C 過篩備用。

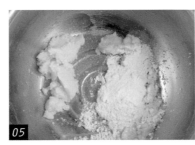
將材料 C 加入步驟 3 拌勻。

加入材料 D 拌勻。

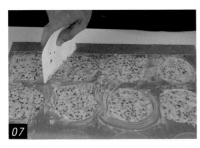
將麵糊抹在瓦片酥專用直徑
8cm 的橡膠軟墊上。（註：請
參考 P.11 薄脆餅乾基本步驟。）

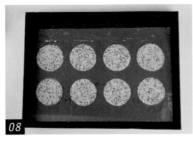
將多餘的麵糊刮除乾淨，即
可放入烤箱烘烤。

以上火 200℃／下火 150℃，
烤約 10 分鐘。

✏ Tips.

若無橡膠軟墊，也可以直接抹於不沾烤盤布上。

03
薄脆餅乾

芝麻杏仁薄燒

份量 35 片

材料配方

A. 奶油 130g、細砂糖 70g、鹽 1g

B. 蛋黃 35g

C. 低筋麵粉 100g、泡打粉 ¼ 小匙

D. 烤香白芝麻 20g

E. 蛋白 65g、細砂糖 30g

F　杏仁片適量

製作過程

01
將材料 A 打發。

02
加入材料 B 拌勻。

03
材料 C 過篩備用。

04
將材料 C、D 加入步驟 2 拌勻。

05
將材料 E 打發至接近乾性發泡。

06
材料 E 加入步驟 4 拌勻。

07
將麵糊抹在烤盤布上，約 8cm 直徑的大小。

08
先刮除多餘的麵糊，再裝飾少許的杏仁片，即可放入烤箱烘烤。（註：請參考 P.11 薄脆餅乾基本步驟。）

09
以上火 160°C ／下火 160°C，烤約 15 ～ 20 分鐘。

03
薄脆餅乾

比納茲薄燒

份量 70 片

材料配方

A. 奶油 80g、花生醬 60g、
糖粉 60g

B. 全蛋 60g

C. 低筋麵粉 60g、玉米粉 30g、泡打粉 ¼ 小匙

D. 花生角適量

🧤 製作過程

01 材料 A 全部加在一起拌勻。

02 加入材料 B。

03 全部混合拌勻。

04 材料 C 全部加在一起。

05 將材料 C 過篩備用。

06 將材料 C 加入步驟 3 拌勻。

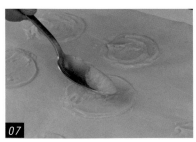

07 舀約 5g 的麵糊，在烤盤布上抹出橢圓狀麵糊。

08 撒上少許花生角，即可放入烤箱烘烤。

09 以上火 140°C／下火 130°C，烤約 20 ～ 25 分鐘。

03
薄脆餅乾

榛果巧酥

份量 50 片

材料配方

A. 蛋白 65g、糖粉 50g、細砂糖 20g

B. 榛果醬 60g、奶油 60g

C. 低筋麵粉 30g

D. 榛果粒 50g

製作過程

01 材料 A 攪拌至糖溶解，蛋白起粗泡。

02 材料 B 放置室溫軟化後拌勻。

03 將材料 B 加入步驟 1 拌勻。

04 材料 C 過篩備用。

05 將材料 C 加入步驟 3 拌勻。

06 將麵糊均勻抹在烤盤布上，約 25cm×25cm 的大小，共 2 大片。

07 撒上切碎的材料 D，即可放入烤箱烘烤。

08 以上火 140°C ／下火 130°C，烤約 20 分鐘。

09 出爐後，立刻切割成 5cm×5cm 的正方形薄片，即可完成。

✐ Tips.

1. 餅乾出爐後，隨時間冷卻會愈來愈脆，所以要趁熱切割才能裁切的方正。

2. 可先將麵糊抹在烤盤上，先烤第一盤，待第一盤烤好，再接著烤下一盤。

薄脆餅乾

橘子香捲

份量 50 片

材料配方

A. 奶油 150g、糖粉 100g

B. 蛋白 140g

C. 低筋麵粉 120g、桔子粉 15g

D. 苦甜巧克力適量

E. 義大利桔皮適量（切細碎）

🧤 製作過程

將材料 A 混合拌勻。

加入材料 B 拌勻。

將材料 C 過篩備用。

將材料 C 加入步驟 2。

全部混合拌勻。

再將麵糊均勻抹在瓦片酥專用直徑 8cm 的橡膠軟墊上，即可放入烤箱烘烤。（註：參考 P.11 薄脆餅乾基本步驟。）

以上火 160℃／下火 150℃，烤約 10～12 分鐘。

將材料 D 煮至溶化備用。

出爐後趁熱捲成筒狀，待冷卻後分別沾上材料 D 和 E 即可完成。

✐ Tips.

　　若無矽膠軟墊，也可以直接抹於不沾烤盤布上。

03
薄脆餅乾

南瓜薄片

份量 60 片

📷 材料配方

A. 奶油 120g、細砂糖 160g

B. 蛋白 220g

C. 低筋麵粉 70g、南瓜粉 30g、
　 泡打粉 ½ 小匙

D. 烤香白芝麻 50g、烤香黑芝麻 30g、
　 南瓜子 160g、椰子粉 45g

E. 溶化奶油 35g

🧤 製作過程

01

將材料 A 打發。

02

分次加入材料 B 拌勻。

03

材料 C 過篩備用。

04

將材料 C 加入步驟 2。

05

全部混合拌勻。

06

加入材料 D 拌勻。

07

加入材料 E 拌勻。

08

舀入適量麵糊於直徑約 8cm 的矽膠墊，抹平後即可放入烤箱烘烤。

09

以上火 150°C ／下火 140°C，烤約 20 分鐘。

03
薄脆餅乾

花生脆餅

份量 40 片

📖 材料配方

A. 蛋白 80g、細砂糖 40g　　C. 橄欖油 30g　　E. 低筋麵粉 30g

B. 蜂蜜 20g　　　　　　　　D. 花生粉 200g　　F　花生片適量

製作過程

01 材料 A 拌勻。

02 加入材料 B 拌勻。

03 加入材料 C 拌勻。

04 加入材料 D。

05 全部混合拌勻。

06 材料 E 過篩備用。

07 將材料 E 加入步驟 5。

08 將麵糊舀到烤盤布,抹勻成 0.2cm 的薄片後再裝飾材料 F, 即可放入烤箱烘烤。

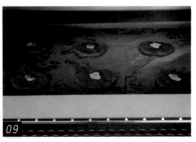

09 以上火 150℃／下火 140℃, 烤約 20 分鐘。

鹹味餅乾

重點在於材料配方中的調味部分,是少數屬於少糖的餅乾,口味上通常以鹹味和辣味為兩大重點。而這類餅乾最常以「辛香料」做搭配來刺激我們的味蕾。

04
鹹味餅乾

咖哩紅椒鹹餅乾

份量 40 條

📷 材料配方

A. 奶油 200g、細砂糖 25g、鹽 3g

B. 全蛋 60g

C. 帕瑪森起士粉 20g、咖哩粉 25g

D. 低筋麵粉 400g、小蘇打粉 ¼ 小匙

E. 匈牙利紅椒粉適量

🍞 製作過程

01
將材料 A 拌勻。

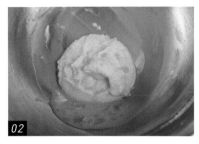
02
加入材料 B 拌勻。

03
加入材料 C 拌勻。

04
材料 D 過篩備用。

05
將材料 D 加入步驟 3 拌勻。

06
將拌好的麵團擀成 0.8cm ～ 1cm 厚的長方形。

07
再裁切成 20cm×1cm 的長條狀。

08
將表面撒上適量的匈牙利紅椒粉，即可放入烤箱烘烤。

09
以上火 180℃ ／下火 160℃，烤約 20 分鐘。

鹹味餅乾

香蔥雞汁餅乾

份量 50 片

📷 材料配方

A. 奶油 120g、低筋麵粉 300g、泡打粉 ½ 小匙、　　C　珠蔥末
　　黑胡椒粉 ¼ 小匙、乾燥珠蔥末 6g

B. 水 80g、細砂糖 25g、雞粉 1 大匙

🧤 製作過程

01 將材料 A 中的低筋麵粉、泡打粉過篩備用。

02 材料 A 全部加在一起拌成鬆散沙粒狀。

03 材料 B 溶勻備用。

04 將材料 B 加入步驟 2。

05 攪拌成團狀。

06 放置 30 分鐘至鬆弛。

07 將麵團擀開約 0.2cm 厚。

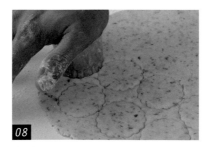

08 在表面上戳孔，再以模具壓出造型，最後再撒上少許材料 C 裝飾，即可放入烤箱烘烤。

09 以上火 200°C ／下火 150°C，烤約 20 分鐘。

04
鹹味餅乾

番茄香蒜餅乾

份量 35 片

材料配方

A. 奶油 200g、細砂糖 60g

B. 全蛋 40g

C. 番茄醬 100g

D. 起士粉 30g

E. 香蒜粉 12g、低筋麵粉 300g、泡打粉 ¼ 小匙

F. 番茄醬適量

122

製作過程

將材料 A 稍微打發。

加入材料 B 拌勻。

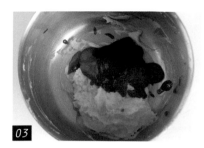

加入材料 C 拌勻。

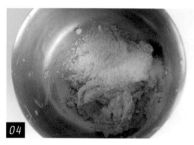

加入材料 D 拌勻。

材料 E 過篩備用。

將材料 E 加入步驟 4 拌勻。

先將麵團平均分割成每個約 20g 大小後搓圓，再分別壓成 0.5cm 厚的圓片。

在麵團表面以材料 F 擠上細線條作裝飾，全部排放於烤盤中，即可放入烤箱烘烤。

以上火 180°C ／下火 160°C，烤約 20 ～ 25 分鐘。

鹹味餅乾

櫻花蝦薄餅

份量 50 片

📷 材料配方

A. 櫻花蝦乾 65g

B. 細砂糖 ½ 小匙、鹽 ½ 小匙、低筋麵粉 260g、 帕瑪森起士粉 1 小匙、奶油 40g、
   海苔粉 4g

01 先將材料 A 放入烤箱中烤出香味。

02 以調理機將材料 A 打成粗粒粉末狀。

03 先將材料 B 中的低筋麵粉過篩備用。

04 再將材料 B 全部加在一起拌勻。

05 加入材料 A。

06 全部混合拌勻成團狀，放置 30 分至鬆弛，再擀開成 0.2cm 的厚度。

07 以橢圓形的框模壓出形狀，再全部整齊排放於烤盤中，即可放入烤箱烘烤。

08 以上火 200℃／下火 200℃，烤約 12 ～ 18 分鐘。

鹹味餅乾

培根洋芋格子

份量 45 片

📷 材料配方

A. 奶油 180g、鹽 ¼ 小匙、糖粉 60g
B. 蛋白 75g

C. 白胡椒粉 ¼ 小匙、洋芋粉 75g、
　 中筋麵粉 210g、小蘇打粉 2g
D. 培根 90g

🧤 製作過程

01
材料 A 打發至絨毛狀。

02
分次加入材料 B 拌勻。

03
材料 C 過篩備用。

04
將材料 C 加入步驟 2 拌勻。

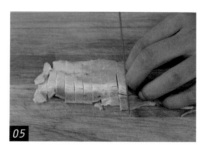
05
材料 D 略炒後切細丁。

06
將材料 D 加入步驟 1 拌勻。

07
麵團分割成每個 15g 大小，再壓整成圓扁狀。

08
以拍開器或尺壓出格紋，即可放入烤箱烘烤。

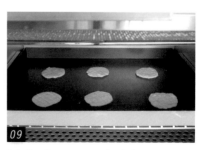
09
以上火 150℃ ／下火 140℃，烤約 20 ～ 25 分鐘。

04
鹹味餅乾

義式香料餅乾

份量 35 片

🔲 材料配方

A. 奶油 160g、糖粉 30g、鹽 2g

B. 全蛋 60g

C. 義大利綜合香料 15g

D. 帕瑪森起士粉 45g、低筋麵粉 240g

製作過程

01

將材料 A 加在一起拌勻。

02

分次加入材料 B 拌勻。

03

材料 D 過篩備用。

04

分別加入材料 C、D。

05

全部混合拌勻。

06

將麵團分割成每個約15g大小。

07

搓成長條狀。

08

整齊排入烤盤中再壓扁成橢圓形，即可放入烤箱烘烤。

09

以上火 170℃／下火 150℃，烤約 20 ～ 25 分鐘。

04
鹹味餅乾

全麥三角鹹餅

份量 50 片

📷 材料配方

A. 低筋麵粉 150g、麩皮 30g、牛奶 105g、全蛋 15g、鹽 1 小匙、糖 ½ 小匙、
   白胡椒粉 1g、無水奶油 20g

B. 粗黑胡椒粉 4g、鹽 5g、匈牙利紅椒粉 5g、香蒜粉 5g

製作過程

01
先將材料 A 中的低筋麵粉過篩備用。

02
材料 A 全部加在一起拌勻。

03
將麵團揉壓至表面呈光滑狀，蓋上保鮮膜後放置室溫靜置30 分鐘。

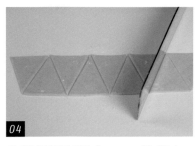
04
先將麵團擀開成 0.1cm 的薄度，再切割、叉洞成 5cm×7cm 的三角形。

05
材料 B 全部加在一起。

06
全部混合拌勻。

07
將材料 B 撒在麵皮上。

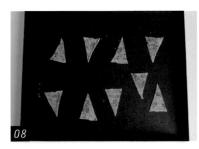
08
全部排入烤盤中，即可放入烤箱烘烤。

09
以上火 150℃／下火 140℃，烤約 20 ～ 25 分鐘。

04
鹹味餅乾

洋蔥餅乾棒

份量 35 條

🍳 材料配方

A. 奶油 160g、糖粉 60g、鹽 2g

B. 全蛋 90g

C. 乾燥洋蔥 20g

D. 粗黑胡椒粉 5g、紅椒粉 6g、起士粉 10g、
　 低筋麵粉 320g、洋蔥粉 20g

🖐 製作過程

材料 A 稍打發。

分次加入材料 B 拌勻。

先將材料 C 切細碎再加入步驟 2 拌勻。

材料 D 過篩備用。

將材料 D 加入步驟 3。

全部混合拌勻。

將麵團分割成每個約 20g 大小。

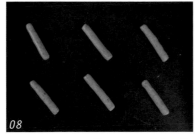

全部搓成長約 10cm 的圓柱狀，整齊排入烤盤中，即可放入烤箱烘烤。

以上火 180°C ／下火 150°C，烤約 20 ～ 25 分鐘。

鹹味餅乾

胚芽蘇打餅乾

份量 60 片

📷 材料配方

A. 中筋麵粉 360g、小麥胚芽 35g、
白芝麻 30g、奶油 55g

B. 乾酵母 3g、水 40g、細砂糖 3g

C. 鹽 5g、小蘇打粉 ¼ 小匙、水 150g

🥐 製作過程

01
先將材料 A 中的中筋麵粉過篩備用。

02
分別將材料 B、C 溶勻備用。

03
將材料 A 全部加在一起,再加入材料 B、C 拌勻。

04
將麵團蓋上保鮮膜後放置室溫發酵 2 ～ 3 小時。

05
麵團擀壓 8 ～ 10 次,最後擀開至 0.2cm 厚。(註:亦可用壓麵機操作。)

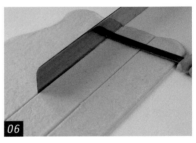

06
切割成 6cm×6cm 的正方型。

07
戳孔後全部排入烤盤中,再發酵 10 分鐘。

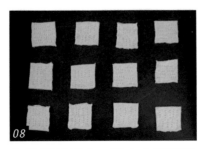

08
入烤箱前噴水,撒上少許鹽增加風味,即可放入烤箱烘烤。

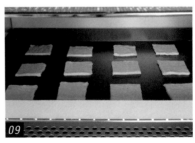

09
以上火 190℃/下火 160℃,烤約 20 ～ 25 分鐘。

04

鹹味餅乾

調味海苔小餅乾

份量 80 個

📷 材料配方

A. 糖粉 10g、乾酵母 3g、水 80g

B. 高筋麵粉 150g、海苔粉 3g、奶油 7g、奶粉 2g

C. 白胡椒粉 2g、鹽 4g

D. 橄欖油適量

製作過程

01
先將材料 A 溶勻備用。

02
材料 B 中的高筋麵粉過篩備用。

03
材料 B 全部加在一起。

04
將材料 A 加入步驟 3。

05
全部混合拌勻至麵團表面呈光滑狀，蓋上保鮮膜，靜置室溫30 分。

06
將麵團擀壓 8 ～ 10 次。（註：中間可稍做鬆弛。）

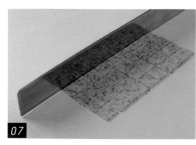
07
最後擀開成 0.1 ～ 0.2cm 厚，切割成 2 cm×2cm 大小，排入烤盤中再靜置 20 分鐘，即可放入烤箱烘烤。

08
以上火 180°C ／下火 170°C，烤約 15 分鐘。

09
出爐後先刷上材料 D，再沾裹少許材料 C 即完成。（註：材料 C 須先混合均勻備用。）

鹹味餅乾

黑胡椒切達乳酪餅

份量 35 片

材料配方

A. 奶油 130g、鹽 1g、細砂糖 40g

B. 全蛋 1 顆

C. 低筋麵粉 160g、帕瑪森起士粉 60g、
杏仁粉 50g、粗粒黑胡椒 10g

D. 原味起士片 2 片

🧤 製作過程

01

將材料 A 打發至絨毛狀。

02

分次加入材料 B 拌勻。

03

材料 C 過篩備用；材料 D 切成 1cm 正方形備用。

04

將材料 C 加入步驟 2。

05

拌勻後放入冰箱冷藏 30 分鐘。

06

取出麵團，分割成每個約 12g 大小。

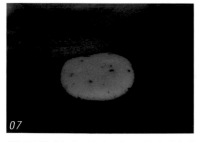

07

搓圓後放入烤盤中再壓成圓扁狀。

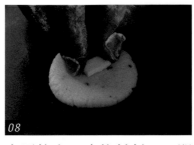

08

表面放上一小片材料 D，即可放入烤箱烘烤。

09

以上火 170℃／下火 150℃，烤約約 18 ～ 20 分鐘。

04
鹹味餅乾

海鹽巴西里

份量 30 個

材料配方

A. 奶油 100g、細砂糖 15g、海鹽 4g
B. 蛋黃 45g
C. 粗黑胡椒粉 ¼ 小匙、巴西里末 2 大匙、中筋麵粉 150g

🧤 製作過程

材料 A 加在一起拌勻。

加入材料 B 拌勻。

材料 C 全部加在一起。

將材料 C 過篩備用。

材料 C 加入步驟 2。

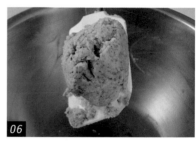

全部混合拌勻。

分割成每個約 10g 大小的圓球狀。

全部排入烤盤中，稍壓至略扁狀後表面撒上少許粗海鹽裝飾，即可放入烤箱烘烤。

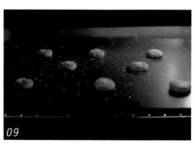

以上火 150°C ／下火 150°C，烤約 20 分鐘。

餅乾教室
圖解教程
2

★ Biscuit classroom graphic tutorials ★

冷凍、組合、薄脆、鹹味

初　　版　2018 年 1 月
定　　價　新臺幣 320 元
Ｉ Ｓ Ｂ Ｎ　978-986-364-116-2（平裝）

國家圖書館出版品預行編目 (CIP) 資料

餅乾教室 . 圖解教程 . 2(冷凍、組合、薄
脆、鹹味) / 張德芳作 . -- 初版 . -- 臺北
市 : 橘子文化 , 2018.01
　面；　公分
　ISBN 978-986-364-116-2(平裝)

1. 點心食譜

427.16　　　　　　　　　　　106023286

書　　　　名	餅乾教室‧圖解教程 2 （冷凍、組合、薄脆、鹹味）
作　　　者	張德芳
分解圖示範	蕭揮璁
發　行　人	程安琪
總　策　劃	程顯灝
總　編　輯	盧美娜
主　　編	盧欀云
內 頁 設 計	沈國英
內 頁 排 版	羅光宇
封 面 設 計	洪瑞伯
步 驟 攝 影	安德烈創意攝影有限公司
發　行　部	侯莉莉
出　版　者	橘子文化事業有限公司
總　代　理	三友圖書有限公司
地　　　址	106 台北市安和路 2 段 213 號 4 樓
電　　　話	(02) 2377-4155
傳　　　眞	(02) 2377-4355
Ｅ － ｍ ａ ｉ ｌ	service@sanyau.com.tw
郵 政 劃 撥	05844889 三友圖書有限公司
總　經　銷	大和書報圖書股份有限公司
地　　　址	新北市新莊區五工五路 2 號
電　　　話	(02) 8990-2588
傳　　　眞	(02) 2299-7900

http://www.ju-zi.com.tw
三友圖書
友直 友諒 友多聞

三友官網

三友 Line@

親愛的讀者:
感謝您購買《餅乾教室‧圖解教程2(冷凍、組合、薄脆、鹹味)》一書,為感謝您的支持與愛護,只要填妥本回函,並寄回本社,即可成為三友圖書會員,將定時提供新書資訊及各種優惠給您。

1 您從何處購得本書?
□博客來網路書店 □金石堂網路書店 □誠品網路書店 □其他網路書店
□實體書店_____

2 您從何處得知本書?
□廣播媒體 □臉書 □朋友推薦 □博客來網路書店 □金石堂網路書店
□誠品網路書店 □其他網路書店_____□實體書店_____

3 您購買本書的因素有哪些?(可複選)
□作者 □內容 □圖片 □版面編排 □其他_____

4 您覺得本書的封面設計如何?
□非常滿意 □滿意 □普通 □很差 □其他_____

5 非常感謝您購買此書,您還對哪些主題有興趣?(可複選)
□中西食譜 □點心烘焙 □飲品類 □瘦身美容 □手作DIY
□養生保健 □兩性關係 □心靈療癒 □小說 □其他_____

6 您最常選擇購書的通路是以下哪一個?
□誠品實體書店 □金石堂實體書店 □博客來網路書店 □誠品網路書店
□金石堂網路書店 □PC HOME網路書店 □Costco
□其他網路書店_____ □其他實體書店_____

7 若本書出版形式為電子書,您的購買意願?
□會購買 □不一定會購買 □視價格考慮是否購買 □不會購買
□其他_____

8 您是否有閱讀電子書的習慣?
□有,已習慣看電子書 □偶爾會看 □沒有,不習慣看電子書
□其他_____

9 您認為本書尚需改進之處?以及對我們的意見?
_____

10 日後若有優惠訊息,您希望我們以何種方式通知您?
□電話 □E-mail □簡訊 □書面宣傳寄送至貴府 □其他_____

謝謝您的填寫,
您寶貴的建議是我們進步的動力!

姓名_____ 出生年月日_____

電話_____ E-mail_____

通訊地址_____

SANYAU
三友圖書 / 讀者俱樂部

填妥本問卷，並寄回，即可成為三友圖書會員。
我們將優先提供相關優惠活動訊息給您。

優質好康

粉絲招募
歡迎加入

。看書 所有出版品應有盡有
。分享 與作者最直接的交談
。資訊 好書特惠馬上就知道